Marcus Lüpke

Unterrichtsstunde im Fach Biologie - Stationenlernen zum Thema "Die Honigbiene" (6. Klasse)

GRIN Verlag

Bibliografische Information der Deutschen Nationalbibliothek:

Die Deutsche Bibliothek verzeichnet diese Publikation in der Deutschen National-
bibliografie; detaillierte bibliografische Daten sind im Internet über http://dnb.d-
nb.de/ abrufbar.

Dieses Werk sowie alle darin enthaltenen einzelnen Beiträge und Abbildungen
sind urheberrechtlich geschützt. Jede Verwertung, die nicht ausdrücklich vom
Urheberrechtsschutz zugelassen ist, bedarf der vorherigen Zustimmung des Verla-
ges. Das gilt insbesondere für Vervielfältigungen, Bearbeitungen, Übersetzungen,
Mikroverfilmungen, Auswertungen durch Datenbanken und für die Einspeicherung
und Verarbeitung in elektronische Systeme. Alle Rechte, auch die des auszugsweisen
Nachdrucks, der fotomechanischen Wiedergabe (einschließlich Mikrokopie) sowie
der Auswertung durch Datenbanken oder ähnliche Einrichtungen, vorbehalten.

Impressum:

Copyright © 1999 GRIN Verlag GmbH
Druck und Bindung: Books on Demand GmbH, Norderstedt Germany
ISBN: 978-3-638-94036-8

Dieses Buch bei GRIN:

http://www.grin.com/de/e-book/20948/unterrichtsstunde-im-fach-biologie-statio-
nenlernen-zum-thema-die-honigbiene

GRIN - Your knowledge has value

Studienseminar für das
Lehramt der Sekundarstufe I
Neuer Schulweg 13
59821 Arnsberg

Unterrichtsentwurf zum 2. Besuch im Fach Biologie

Name, Vorname	: Lüpke, Marcus
Fach	: Biologie
Lerngruppe	: 6b (Mädchen, Jungen)
Zeit	: Freitag 9:55 - 11:30 Uhr (3. + 4. Std.)
Datum	: 02.10.1998

Thema der Unterrichtsstunde:

Stationenlernen -Die Honigbiene-

Leitende Zielvorstellung der Unterrichtsreihe:

Die Schüler sollen die rote Waldameise und die Honigbiene, stellvertretend für das gesamte Insektenreich kennenlernen und den Nutzen der Tiere für die Natur und damit auch für den Menschen erkennen. Innerhalb der Unterrichtsreihe sollen die Schüler für das Schützen der beiden Insektenarten sensibilisiert werden.

Einordnung der Stunde in die laufende Unterrichtsreihe:

Bei den aufgeführten Unterrichtsstunden handelt es sich immer um Doppelstunden.

1. Stunde:	Videobeitrag „Mikrokosmos"
2. Stunde:	Bauplan der Insekten
3. Stunde:	Einordnen der Insekten in das Klassifizierungssystem der Biologie
4. Stunde:	Nutzinsekten - Schadinsekten
5. Stunde:	Exemplarische Betrachtung der roten Waldameise/ Waldökologie
6. Stunde:	Vergleichende Dia-Reihe zur Waldameise und Honigbiene
7. Stunde:	Sicherung der Stundeninhalte (1-6) mittels eines Gruppen-Abfragespiels (Einführung in die Gruppenarbeit; Ansprache von Verhaltensregeln)
8. Stunde:	**Stationenlernen Honigbiene**
9. Stunde:	Stationenlernen Hongbiene
10. Stunde:	Stationenlernen Honigbiene/ Schülererflexion
11. Stunde:	Präsentationen der Gruppenarbeiten auf dem Schulgelände
12. Stunde:	Schriftliche Lernerfolgskontrolle

Unabdingbare Teilziele und besondere Handlungsmöglichkeiten innerhalb der Unterrichtsstunde:

- Die Schüler sollen das Stationenlernen als Arbeitsform innerhalb des Biologieunterrichts kennenlernen
- Die Schüler festigen ihr selbständiges Denken und Handeln
- Die Schüler werden zu eigenverantwortlichem Handeln angeregt
- Die Schüler lernen Regeln für das sinnvolle Zusammenarbeiten in Arbeitsgruppen kennen
- Die Schüler lernen, sich mit Mitschülern zu verständigen um ein Lernziel zu erreichen.

Die genannten Ziele sollen in den nachfolgend aufgeführten Stationen erreicht werden:

Station	Beschreibung	Lehrziele und Handlungsmöglichkeiten
1	Die verschiedenen Kasten im Honigbienenstaat	• Die Schüler sollen aus der Textbeilage Informationen über die wichtigsten Bienenarten und deren Funktion, Anzahl, Größe und Entwicklungsdauer in Form einer Tabelle herausfiltern und in das Schülerheft übertragen. • Die Schüler lernen die einzelnen Kasten des Bienenstaates kennen und können sich ein Bild über das Leben im Bienenstock machen.
2	Das Erstellen zweier Bienenmodelle	• Die Schüler haben die Möglichkeit aus bereitgestellten Materialien auszuwählen und 2 Modelle der Honigbiene herzustellen. • Die Schüler wenden das Wissen über den Körperbau der Insekten praktisch an.
3	Die Feinde der Honigbiene	• Die Schüler sollen aus einer Textbeilage Informationen über die Feinde der Honigbiene und deren besondere Merkmale in einer Tabelle zusammentragen. • Die Schüler erfahren wichtige Einzelheiten über die Feinde der Honigbiene und dokumentieren dieses Wissen.
4	Vergleich von Hornisse, Biene und Deutscher Wespe	• Am realen Objekt sollen die Schüler mittels Vergrößerungsgläsern Biene, Wespe und Hornisse vergleichen und ihre Ergebnisse in Form einer Zeichnung dokumentieren. • Die Schüler lernen die Feinde der Honigbiene (+ Biene) kennen.
5	Die Entwicklungsstadien einer Arbeiterin	• Auf einem Arbeitsblatt haben die Schüler die Aufgabe die Bildreihe zur Entwicklung einer Arbeiterin in die richtige Reihenfolge zu bringen und einen beiliegenden Text entsprechende der Reihenfolge zuzuordnen. • Die Schüler lernen die einzelnen Entwicklungsstadien der Honigbiene kennen.
6	Wir erstellen eine Bienenwabe	• Die Schüler erstellen ein Modell der Bienenwabe aus Papier. • Die Schüler sollen einen Einblick in die Struktur der Bienenwabe erhalten • Anhand einer bereitgestellten „echten" Bienenwabe können die Schüler ihr Modell mit dem Original vergleichen.
7	Lösen eines Kreuzworträtsels	• Die Schüler sollen ein Kreuzworträtsel zum Thema „Honigbiene" lösen und mittels des richtigen Lösungswortes kontrollieren. • Die Schüler erhalten ergänzende Informationen zum Leben der Honigbiene sowie Fakten, welche die einzelnen Kasten betreffen.
8	Das Leben einer Arbeiterin	• Die Schüler sollen ein Puzzle zusammensetzen und anschließend die seperat gelieferten Informationen (Arbeitsblatt) dem Puzzle zuordnen (Dokumentation im Schülerheft). • Die Schüler erhalten Informationen die Lebensabschnitte der Honigbiene und können diesen bestimmte Tätigkeiten im Stock zuordnen.

Bedingungsfeldanalyse

Am Biologieunterricht nehmen die Schüler und Schülerinnen der Klasse 6b teil. Die Lerngruppe besteht aus 24 Schülern (davon 10 Mädchen und 14 Jungen). Unterrichtszeit ist jeweils freitags in der 3. + 4. Stunde (9:55 - 11:30 Uhr), der Unterricht findet im Biologieraum statt.

Die heutige Stunde ist die letzte Stunde vor den anschließend beginnenden 2wöchigen Herbstferien.

Die Klasse zeigt sich sehr interessiert am Fach Biologie, dies zeigt sich in der regen (oft übermotivierten) Mitarbeit der Schüler. Entsprechend problematisch ist in dieser Lerngruppe wiederum das ungezügelte Hereinsprechen einzelner Schüler anstelle von Wortmeldungen (inkl. entsprechendem warten bis zum „Drangenommen werden"), welches den Unterrichtsverlauf desöfteren stört.

Bezüglich der Zusammensetzung der Klasse ist noch anzumerken, daß in der Lerngruppe 6 Nationalitäten[1] zu finden sind. Ein Großteil der Klasse weist z.T. große Probleme im schriftsprachlichen Bereich auf was bei der Gestaltung der Arbeitsaufträge meinerseits besondere Berücksichtigung findet. Arbeitsaufträge werden in knapper Form gestellt, um allen Schülern das Verstehen der Aufgabenstellung zu ermöglichen.

Ein Schüler besucht im zweiten Teil der Doppelstunde den eigens für lernschwache Schüler eingerichteten Förderunterricht. Drei Schüler haben die Stufe 6 schon einmal wiederholt, zeichnen sich jedoch nicht merklich durch einen Vorsprung an Wissen aus (Salvatore, Jens und Dimici).

Innerhalb der vor dieser Stunde durchgeführten vorbereitenden Gruppenarbeit zeigte sich, daß die ausländischen Mitschüler in dieser Klasse gut integriert sind und ein problemloses Zusammenarbeiten der Schüler innerhalb der gebildeten Arbeitsgruppen zu erwarten ist. Die Schüler haben sich in der vorhergehenden Stunde in Arbeitsgruppen zusammengefunden. Die Schüler weisen große Unterschiede in ihrem Lern- und Arbeitstempo auf.

Zentrale Lernaufgabe

Bearbeitet in Kleingruppen (zu je 4 Schülern) durch das Beobachten, Zeichnen, Vergleichen, schriftliche Fixieren und der Erstellung von Modellen Inhalte zum Leben der Honigbiene. Ihr sollt dabei möglichst selbsttätig arbeiten und die angebotenen Stationen frei auswählen und bearbeiten. Als Hilfe könnt ihr euer Biologiebuch benutzen. Arbeitsmaterialien könnt ihr euch aus der Materialkiste herausnehmen. Wenn jedes Gruppenmitglied die Aufgabe der Station

---

[1] polnische, türkische, italienische, russische, albanische und deutsche Schüler.

erfüllt hat, kann eure Gruppe die nächste Station wählen. Falls einmal alle Stationen belegt sind, könnt ihr an der Kreuzworträtselstation die Wartezeit verkürzen und das Rätsel lösen.

Themenbezogene Voraussetzungen/ sachstruktureller Entwicklungsstand

Die Klasse hat sich in den vorangegangenen Stunden mit den morphologischen Besonderheiten der Insekten beschäftigt. Mithilfe dieses Wissens grenzten die Schüler die Insekten gegenüber den anderen Tiergruppen (Wirbeltiere, Weichtiere, Krebstiere) und ordneten die Insekten in das Tierreich als eigene Gruppe ein. Exemplarisch erarbeiteten sie Inhalte zur Artdifferenzierung und Aufgabenverteilung der roten Waldameise (im Ameisenstaat) und ihrer ökologischen Bedeutung. Das Arbeiten in Kleingruppen wurde in spielerischer Form erarbeitet. Die Schüler und Schülerinnen hatten die Aufgabe in Kleingruppen Frage- und Antwortkarten zu erstellen. So konnten sich die jeweilgen Gruppen gegenseitig in Form eines Wissensturniers über die bearbeiteten Inhalte besprechen und sich überprüfen.

Das Stationenlernen als solches ist den Schülern jedoch nicht bekannt und wird in dieser Stunde erstmals mit dieser Lerngruppe durchgeführt. Ich habe mit dieser Arbeitsform sehr gute Erfahrungen in der Klasse 8c dieser Schule gemacht.

Um die Schüler mit dieser Arbeitsmethode bekannt zu machen sollen Inhalte zum Leben der Honigbiene über diese Arbeitsform erarbeitet werden. Die Schüler und Schülerinnen haben in den folgenden 2 Doppelstunden weiter Zeit sich mit der Methode vertraut zu machen und Inhalte zum Leben der Honigbiene zu erarbeiten. Anschließend soll dann eine Reflexion stattfinden, in der die Schüler ihre Meinung zur gewählten Arbeitsform äußern können.

Auf eine Sicherung der „Stationeninhalte" direkt im Anschluß an die Bearbeitung wurde zugunsten optimaler Bearbeitungszeit verzichtet.

Die Sicherung der erarbeiteten Inhalte erfolgt über eine von den Schülern erstellte Präsentation der Gruppenergebnisse auf dem Schulgelände und das bekannt „Frage-Antwort-Spiel" im Anschluß an die Bearbeitung aller Stationen durch alle Arbeitsgruppen. An die Sicherungsphase schließt sich eine Überprüfung des Schülerwissens in Form einer schriftlichen Überprüfung an.

Legitimation

Die Inhalte zum Leben der Honigbiene werden in einem handlungs- und wissenschaftsorientierten Lernverfahren erarbeitet. Die Schüler haben an den Stationen die Möglichkeit in die Bearbeitung praktische, emotionale und intelektuelle Fähigkeiten einzubringen. Die Handlungsfähigkeit muß besonders für die Schüler und Schülerinnen der 5. Und 6. Klassen in der Hauptschule gefördert werden. Nur so sind Überträge in das sich anschließende gesellschaftliche Leben und entsprechende Schlüsselqualifikationen für die heutige Arbeitswelt erfahrbar (Kooperation, Arbeitsschrittorganisation, gemeinsames erzielen von Arbeitsergebnissen) (Richtlinien 1989, 36f.).

Desweiteren sind die Schüler gefordert mittels fachspezifischer Arbeitsweisen subjektive Erfahrungen bezüglich des Themas zu überprüfen. Die Inhalte werden in besonderer Form anschaulich und konkret dargeboten um den Schülern und Schülerinnen der Hauptschule dabei zu helfen „Lernwiderstände" zu überwinden (vgl. Richtlinien 1989, 16f.).

Das Thema der Unterrichtsstunde bzw. Unterrichtsreihe findet sich in den Richtlinien[2] in den Ausführungen zu den Jahrgangsstufen 5 und 6 unter Punkt 6.3 *"Wir halten, schützen und bekämpfen Insekten"* wieder. In den einzelnen Stationen bietet sich den Schülern die Möglichkeit Kenntnisse grundlegender Sachverhalte und Begriffe zur Biologie der Honigbiene (Zoologie) zu erarbeiten. Desweiteren wird eine verbesserte Artenkenntnis und die Schulung des Sachzeichnens angestrebt. Entsprechend haben die Schüler z.B. an Station 4 die Aufgabe Wespe, Hornisse und Biene genau zu betrachten und die Zeichnung eines ausgewählten Körperteils von Hornisse, Biene oder Wespe anzufertigen und zu beschriften. Auch der Umgang mit biologischen Arbeitsgeräten soll gefestigt werden [Richtlinien, Seite 72]. Die Erarbeitung der Inhalte und die gewählte Lehrform "Gruppenarbeit" befähigt die Schüler dazu, eine verantwortungsbewußte Haltung gegenüber der Natur, den Mitmenschen und sich selbst gegenüber einzunehmen [Richtlinien Bd. 3204/1, Seite 21 und 72].

Weiterhin ist es den Schülern durch die sich an die Bearbeitungsphase anschließende Sicherungsphase in Form einer Schülerpräsentation möglich ihr Wissen anderen Mitzuteilen und so verantwortungsbwußtsein zu entwickeln.

---

[2] Der Kutusminister des Landes Nordrhein-Westfalen:
Richtlinien Biologie -Lernbereich Naturwissenschaften-
Hauptschule Heft 3204/1 5/1989

Methodenentscheidung

Die Arbeitsform „Stationenlernen" wurde gewählt um den Schülern verschiedene Handlungsmöglichkeiten zu bieten. Die Arbeitsaufträge wurden von Lehrerseite vorgegeben, die Schüler haben jedoch bei der Bearbeitung und Lösung der Stationen einen kreativen Spielraum. Durch die gewählte Arbeitsform ist es möglich vielen Lerntypen (haptisch, visuell, geruchsorientiert, intelektuell) gerecht zu werden.

Jeder Schüler kann die Arbeitsaufträge allein bearbeiten, Ziel ist es jedoch mithilfe von Gruppendiskussionen/ Gruppenarbeit zur jeweiligen Lösung zu kommen. Insebsondere können unterschiedliche Lern- und Arbeitstempi innerhalb der Arbeitsgruppe kompensiert werden.

Die Bildung der Arbeitsgruppen wurde vom Lehrer angeleitet, fand letztlich aber durch die Schüler selbst statt. Die Schüler teilten sich selbt zum größeren Teil in gemischtgeschlechtliche Gruppen ein. Insofern findet sich auch das für diese Altersgruppe wichtige koedukative Arbeiten bestätigt.

Didaktische Reduktion

Die Schüler lernen in der Unterrichtsreihe „Insekten" 2 Vertreter, die rote Waldameise und die Honigbiene genauer kennen. Aufgrund der großen Artenvielfalt im Insektenreich und aufgrund des Schülervorwissens bezüglich der beiden Vertreter wurde darauf verzichtet weitere Insekten innerhalb der Reihe zu bearbeiten.

Die ökologische Nützlichkeit beider Insekten kann optimal, auch auf Grundlage der Erfahrungswelt der Schüler, herausgearbeitet werden.

Ein weiterer Vorteil, der sich bei der exemplarischen Betrachtung der Waldameise und der Honigbiene ergeben ist der jeweils einfach zu erkennende Körperbau. Dies ist im Insektenreich durchaus nicht die Regel. Die typische Einteilung der Insektenkörper in Kopf, Brust und Hinterleib kann z.B. bei vielen Käferarten nur mit der entsprechenden Sachkenntnis erkannt werden.

Beide Tiere werden vorrangig bezüglich ihrer Nützlichkeit und Funktion in der Natur betrachtet, wobei die Honigbiene genauer bearbeitet wird. Dies begründet sich durch den Erfahrungshorizont der Schüler, der bezüglich der Honigbiene schon sehr ausgeprägt und in vielen Details vorhanden ist. Um die gute Motivationslage der Schüler nicht negativ zu beeinflussen wird das Thema daher inhaltlich begrenzt bearbeitet.

Im Anschluß an die Reihe kann auf Grundlage des erarbeiteten Wissens zur Biologie der Honigbiene eine Erarbeitung bezüglich der ökologischen bedeutsamkeit der Honigbiene für z.B. die Obstblüte erfolgen.

Station 1: Die Schüler erhalten Informationen zur Tätigkeit der jeweiligen Bienenart innerhalb des Volkes, wobei alle Tätigkeiten im Stock soweit reduziert dargestellt werden, daß die Schüler sich in der zu bearbeitenden Aufgabe 2 darauf einigen können welche Bienenart die wichtigste für das Volk ist.

Station 2: Die Schüler sollen hier die wichtigsten Merkmale eines Insekts auf die Honigbiene übertragen. Die äußere Erscheinung wird auf die wichtigsten merkmale reduziert (Kopf, Fühler, Brust, Beine, Flügel, Hinterleib, Stachel)

Station 3: Exemplarisch bearbeiten die Schüler Fakten zu ausgewählten Bienenfeinde, die aus didaktischen Gründe auf die Anzahl ? begrenzt wurde. Das Auffassungsvermögen und vor allem das Interesse der Schüler am Sachverhalt würde bei zu genauer Aufführung zu ungunsten des Lernerfolgs beeinträchtigt werden.

Station 4: Exemplarisch begegnen die Schüler hier 2 Vertretern der Bienenfeinde. Die Schüler erhalten hier den Arbeitsauftrag einen frei gewählten Körperteil zu zeichnen. Eine Ganzkörperzeichnung würde die Schüler überfordern. Bei freier Entscheidung kann jeder Schüler nach individuellem Leistungsvermögen den Körperteil zeichnen, der ihm gefällt bzw. zu zeichnen möglich scheint.

Station 5: Die Entwicklungsstadien der Honigbiene werden hier auf ? Stufen reduziert dargestellt um den Schüler für die entscheidenden Entwicklungsphasen und die damit verbundenen körperlichen Veränderungen zu sensibilisieren.

Station 6: Das Modell der Bienenwaben wird hier stark vergrößert dargestellt und zeigt nur einen Ausschnitt aus einer Bienenwabe bzw. die einzelne Bienenzelle. Einen originalgetreuer Nachbau der Bienenwabe halte ich für diese Klassenstufe für zu schwierig.

Station 7: Um bei den Schülern eine gute Lernmotivation zu erzeugen, wird das Leben einer Arbeiterin in knappen Sätzen, welche durch comicähnliche Bilder ergänzt werden, dargestellt. Entsprechend der Merkmale der Altersstufe erfolgt das Zusammensetzen des Arbeitsblatten in Form eines Puzzles und bietet den Schüler einen besonderen Anreiz zur Bearbeitung.

Sachstruktur der Unterrichtsreihe

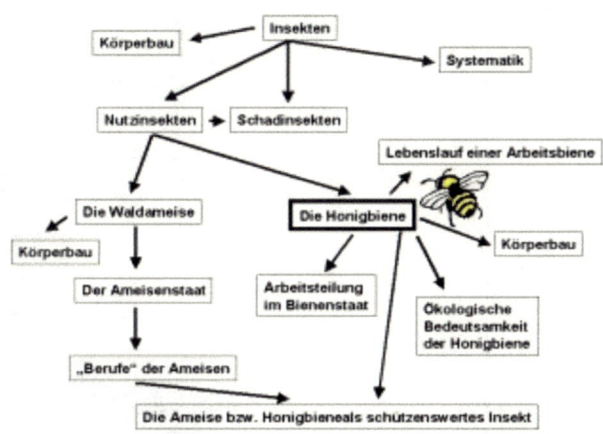

Sachstruktur der Unterrichtstunde

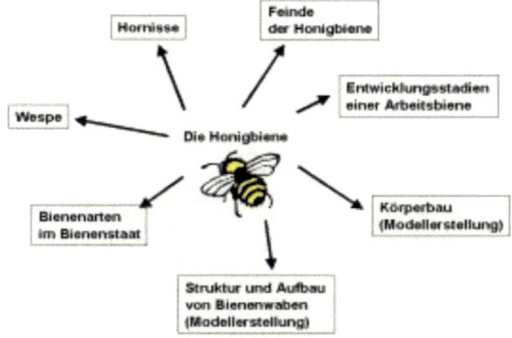

Literatur

KILLERMANN, W.: Biologieunterricht, Eine moderne Fachdidaktik. Auer, Donauwörth 1995[10]

BAUER, R.: Schülergerechtes Arbeiten in der Sekundarstufe I: Lernen an Stationen.
Frankfurt am Main: Cornelson Verlag Skriptor 1997.

STRAUß, E./ DOBERS, J/ JAENICKE, J: Biologie heute 1 h.
Schroedel Schulbuchverlag Hannover, 1991.

ESCHENHAGEN/ KATTMANN/ RODI: Fachdidaktik Biologie.
Aulis Verlag Deubner & co KG, 1996[3]

MEYER, H.: Unterrichtsmethoden II: Praxisband.
Frankfurt am Main: Cornelson Verlag Skriptor, 1997.

STARY´, B.: Atlas der nützlichen Forstinsekten.
Stuttgart: Enke, 1990.

Thema der Unterrichtsstunde: Stationenlernen: Die Honigbiene   **Datum:** 02.10.1998

LAA: Marcus Lüpke   **Hauptseminarleitung:** Frau Pool   **Fachseminarleitung:** Herr Hoffmann   **Mentor:** Herr Korbella

Zeit	Phase	Interaktionsgeschehen und Inhaltsmomente	Handlungsmuster und Sozialformen	Medien	Methodisch-didaktischer Kommentar
2 min	Einstieg	• Begrüßung • Vorstellung der anwesenden Person	• Lehrervortrag		
5 min		Problemgrund: • L. präsentiert eine Tonbandaufnahme fliegender Bienen sowie zur Auflösung des Rätsels eine Wandtafel zur Honigbiene. Blitzlicht: *Was wissen wir über das Tier ?*	• Stummer Impuls • Schüleraktion	• Wandtafel • Honigbiene • Tonbandgerät • Musikkassette	• Die Aufmerksamkeit und das Interesse der Schüler für bzw. an der Honigbiene soll erwirkt werden. • Schüler äußern frei Vermutungen darüber, welches Insekt hier gemeint ist. • Motivation • Überprüfung der Vermutungen mittels Wandtafel.
2 min		• Vorstellen der zentralen Lernaufgabe (vgl. *Stundenentwurf*)	• L.- Impuls		• Interesse wecken • Motivation
3 min		• Welche Regeln gibt es bei der Arbeit in Gruppen ? • Hinweis auf die Präsentation der Arbeiten !	• Schüleraktion • L.-S.-Gespräch		• Die Schüler äußern frei Regeln, die es bei der Gruppenarbeit einzuhalten gilt.
2 Min		Beschreibung der Stationen, Hinweise zum Umgang mit den Medien. - *Alle müssen eine Station beenden, bevor die Gruppe sich an eine neue Station begibt.* - *Alle Arbeitsmaterialien können aus der Materialkiste herausgenommen werden* - *Nach dem Benutzen der Materialien, müssen diese wieder in die Kiste zurückgebracht werden.* - *Rätselstation als Füllstation* Gruppenbildung: *Findet euch jetzt bitte in euren Arbeitsgruppen zusammen und beginnt mit einer Station, die ihr euch aussuchen könnt.*	• L.-S.-Gespräch		• L. schafft Grundlagen für die eigenständige Arbeitsphase der Schüler
30 min.	Erarbeitung	• Die Schüler wählen eine Station und beginnen mit der Bearbeitung der Aufgabe	• Schüleraktion	• 8 Arbeitsmappen • Arbeitsmaterialien • Demonstrationsobjekte	• Die Schüler arbeiten selbsttätig in Kleingruppen an den Stationen • L. steht für evtl. Fragen bereit, hält sich bewußt im Hintergrund um das selbsttätige Arbeiten nicht zu stören.
5 Min	Stundenende	Reflexion: ▪ Was hat euch besonders Spaß gemacht ? ▪ Wo gibt es Probleme ? ▪ Sonstige Anmerkungen	• L.-S.-Gespräch		▪ Feedback ▪ Die Schüler haben die Möglichkeit ihre Meinung zur gewählten Arbeitsform zu äußern ▪ Kritisches Auseinandersetzen mit der „neuen" Form des Arbeitens